拜托了冰箱

不 负 好 食 光

主编:《拜托了冰箱》节目组

文字整理：小侯爷

文化发展出版社

Cultural Development Press

世界上美味的食物已经在你的冰箱里，
只是你没有发现。

目　录

美食图谱：我有美食和酒，你会不会和我走

写这段文字的时候正好是感恩节。

我是一个很幸运的人，所以常常会感恩。在这个可以大大方方感恩的日子里，我会想到过去的时间里帮助我进步、给了我幸福的那么多人和事。

《拜托了冰箱》绝对是要好好感恩的。

过去的一年，我因为突然很强烈的恐慌感接了很多以前没有尝试过的节目，好像再不接触新的东西，我就会被时局淘汰一样。在这种情况下，我接了《拜托了冰箱》。其实那个时候，我做的网综还很少，会答应加入大概是因为：第一，我完全不通厨艺，想挑战一下自己的弱项；第二，我也不太懂生活，希望从别人的冰箱里学会如何打理自己；第三，我太久没有做聊天节目了，我也想知道自己现在只靠嘴还能不能吃饭。

一转眼，节目录了两季。我在第一季收官的时候红了眼圈，在第二季海涛那集的时候哭成狗，这是这些年非常罕见的事。当然，我必须承认，录海涛那天，我偷偷地在水杯里放了一点啤酒。可是，如果一个节目能让主持人放松到现场小酌，而且一桌子十个人都没有心防地大哭大笑，说明这个节目是有神奇魔力和独特气场的。我之所以能够那么不管不顾地真情流露，是因为海涛在这个节目里展现了连我都没见过的成长和魅力，我特别感动。也是因为在《拜托了冰箱》那张巨大的方桌周围，我感到了浓浓的爱和信任。

仔细想想，这份爱和信任是从第一天见面就形成了。其实，我们"冰箱家族"之前没有磨合，包括我和嘉尔也都是录制当天才见到。我要求了一个午餐的聚餐，但因为时间关系，我们也没有出去吃什么正餐。大家就是在休息室里，围在一起吃盒饭，互相介绍自己。好奇怪，从那一刻起，我们就有了一种原来你也在这里的感觉。从陌生到默契，好像只花了一顿盒饭的时间，然后就有了大家看到的"冰箱家族"在节目里的自然表现。

常常有人问我为什么对嘉尔那么好，其实他对我更好。有人说我给了嘉尔很好的资源，其实是资源本来就很好的他在最忙的时候也会推掉其他事情来到我的身边。人和人的相处，不是谁资深、有经验，谁就一定占上风的。我和嘉尔的搭档，是互相给的，彼此成就。"何尔萌"到底是我的经验还是嘉尔的新鲜更有吸引力，没有办法分辨，我只能说："因为王嘉尔，我学到新的东西，成为一个更有趣的新的我。"

我们的"冰箱家族"是那么的相亲相爱，哪怕在不录节目的日子里，我们的群也从不沉寂。为彼此的新节目加油，看到谁的照片发到群里赞一圈或者吐槽一下，有什么心事兄弟姐妹开解开解，有什么好吃的更是第一时间分享。这个集体组成的时间不长，但是黏性特别高。除了节目受欢迎，大家开开心心地混在一起外，更重要的还是因为——缘分。

也感恩我们的来宾，谢谢你们通过冰箱，大方地呈现了镜头背后的真实生活，谢谢你们在这个节目里做了那么多你们从来没有做过的事。有些冰箱空空的可怜宝宝，希望你们的日子过得更像样。

感恩我们的制作团队，有好多哏儿其实是你们的，但是最后都归功到我头上了，但是我也就不澄清了，哈哈。感恩后期小哥哥，你和首掌什么情况我就不深究了，但是你给我起的外号和做的那么多黑特效，有机会我还是想和你聊聊的。

最要感恩的是看到这些文字的你。我相信你也是我们节目的观众吧！不知道你是因为想看美食还是想听秘密点开了我们的节目，当然也可能是因为嘉尔的才华和我的颜值。不管怎么样，别忘了，全世界的美食都在你的冰箱里，只是你自己不知道。而我想说，全世界的幸福也都在你的手上，别说你不知道哦！拜托你，要幸福。

序

大家好，我是王嘉尔

王嘉尔

现在在读这本书的朋友们，可能你们不知道我是谁，我先简单地自我介绍一下！

大家好，我叫王嘉尔！你可以叫我嘉嘉，也可以叫我Jackson。我是1994年3月28日出生的，我是一个在香港长大的小家伙！我的身高是1.748米（没穿鞋），体重大概是64公斤（最近又瘦了一些），我的脚是41码，还有我的大腿肌肉很发达！腿除了有点短，老实说也还蛮棒的，因为我以前是一名专业的击剑选手。还有人说我长得像乌龟，如果有不认识我的朋友好奇我的样子，可以想象一下！

我妈妈是上海人，爸爸是广东人。我从小到大都在国际学校读书，加上之后还去了韩国的原因，所以我会上海话、广东话、英语和普通话，还有韩语！

我是不是介绍得有点太详细了？我呢，大概就是这样！

事情是这样的：有一天，有一个节目叫作《拜托了冰箱》，邀请我去参加！一开始听到这个消息的时候，真的很开心！但老实说，又非常没有信心，因为我不知道自己能不能把这个节目做好，怕自己做不好拖累了大家。但我又一想，你不做的话，怎么知道行不行呢？没尝试过怎么知道自己不行呢？不开这个门，怎么知道这个门是锁着的呢？（是这样说的吗？）

所以，我就决定去拼一下。

也是因为这个决定，我认识了很多很重要、很珍贵的朋友：

从我什么都不知道到现在我什么都知道（有时候还知道得太多了），牵着我、带领我、一直陪伴我、鼓励我、教导我的何哥哥！

还有我们的"冰箱家族"！

绝对不会马马虎虎，做每件事都非常努力、非常认真的乐乐哥！

说的所有话都是非常有知识的人才能听得懂的树树哥！

每次都是先想别人，再想自己的安哥哥！

每次都戴眼镜，一直不肯让人家看他美丽动人的眼睛的黄哥哥！

比偶像剧男主角还要帅的伟哥！

唱歌的时候，美妙歌声隔了 100 公里也可以听到的莎莎姐！

还有我们《拜托了冰箱》的工作人员哥哥、姐姐们。一切的一切，给我的感觉根本就不像在上一个节目、在完成一项工作，我们这个"拜冰大家庭"真的就是一个家。录制的时候也根本不像在录节目，而是感觉像家人们聚在一起吃饭。

在这个大家庭里，我学到了非常多的东西，也非常感谢大家陪我一起成长！

虽然我们是一个美食节目，但比起简单的美食节目，我们更是一个充满不同故事，可以温暖到你的家庭节目！

希望所有的读者朋友有时间的话不妨看一下！

希望你们喜欢《拜托了冰箱》！喜欢"何尔萌"！喜欢我！

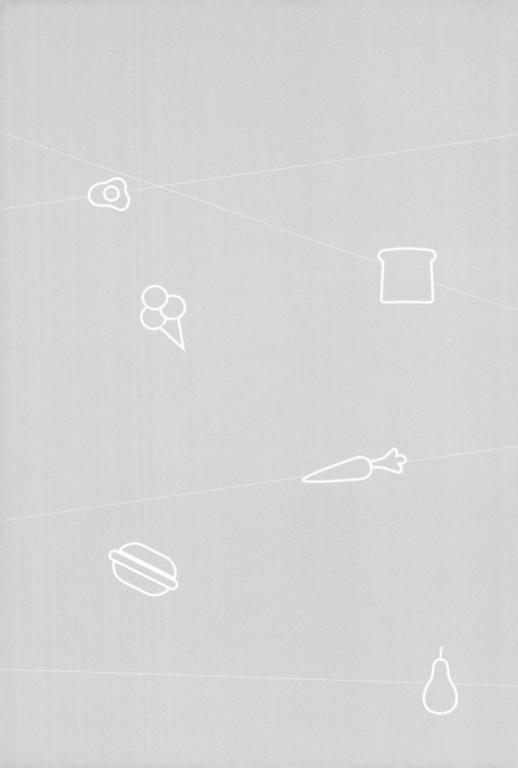

美食故事

原来 你也 在这里

"葫芦娃，葫芦娃，一根藤上七朵花，风吹雨打都不怕，啦啦啦啦……"

就像《葫芦兄弟》这部动画片一样，我们八个人有缘结在一根名为"料理"的藤蔓上。随着节目收视率不断攀升，随着感情日益升温而增进对做菜的恒心与决心。

机缘：有一次，摄制组导演们来我的餐厅吃饭，客人很多，我没来得及跟他们交流太多有关节目的事情，就一直在厨房做菜。其中一个导演把我做菜的视频录了下来。他们觉得我做菜的动作、方式和风格都与寻常的厨师不同，于是就这样，我有幸得到了这个机会，成为"冰箱家族"的一员，并借此可以向大家展示我的厨艺。

在两季节目录制的过程中，我们每一个人都渐入佳境，出来的效果也同样让观众回味无穷。总之，上瘾了，根本停不下来。

何老师就像《葫芦兄弟》里面的爷爷，作为"综艺长老"的他挑起节目流程的大梁，主持风格轻松、愉快，又游刃有余。在料理这个方面，他虽然了解得不多，但是会非常谦虚地向在座的各位成员请教。最重要的是，节目录制中遇到"瓶颈"时，经验丰富的他总能想办法安抚我们

穿越的葫芦兄弟之冰箱家族

黄 研

这些"娱乐圈素人"的心，让我们拧成一股绳，将每集的节目做得有味道、有情怀。

而我们剩下的七个人就像葫芦娃七使徒。

红色使徒大娃安安做菜出其不意，在节目里展示了几道分子料理，做菜的过程让大家一饱眼福。

橙色使徒二娃乐乐的性格就像动画片里塑造的那样"软弱、轻信"，但是软弱也意味着"温柔"，轻信也意味着"宽容"。大家通过节目了解到乐乐的一些身世，真的是表示心疼宝宝。小时候，乐乐因人性之恶而受伤，所以才在节目里呈现出"毒舌小婊贝"的一面，还引来网友骂战。殊不知，他又因人性之善而恢复，生活里真实的他孝顺母亲，并且在料理之路上不断用行动、用心地努力着。

黄色使徒三娃就是我，黄色是刚强、坚韧之色，代表着奋进和勇气。我虽然在比赛里总是蹊跷地惜败给其他的成员，就像三娃因为过于刚强而不懂屈伸，而我成了掉落的"牙齿"，反陷入了蛇精的柔剑束缚之中，终于失败，正应了《易经》里的那句话"亢龙有悔"。这也算得上是"出师未捷身先死，长使英雄泪满襟"吧。但是，我并不担心结果如何，我热爱料理的事实永不会变，"用我的真

诚、真实、真心，坚持，做菜，坚持做菜"。

绿色使徒四娃 wuli 涛涛，唱歌好听、做菜好看、身材标准，还长了一副桃花面，大家都很喜欢他。

青色使徒田树，像代表水的五娃，平和内敛，最有悲天悯人之心。一开始的时候，他总是默默地扮演一个辅助性的济世角色，宛如一片安静的云。到了第二季，他好像隔壁王奶奶的贫嘴甚至是有些唠叨的表现则显得更加自然、成熟、接地气。与此同时，跟观众的距离也更近了。

蓝色是开朗、活泼之色，乐观向上。莎师弟就像隐形六娃，是自由的风，无拘无束，率性而来，随性而去。作为节目里唯一一位女厨师，她要承担的非议和压力比我们都要多，但是她用实际行动表明她在这个世界上是独一无二的，也从未失败过。一切颠簸，一笑而过。

七娃是特别的存在，他就是我们的 Jackson，可爱单纯，耿直善良，他永远是紧张的比赛过程中最不可缺少的调味剂。在给嘉嘉做完 Cheese King 以后，我们似乎也更加了解对方了。我在节目里总是莫名其妙地输，嘉尔依然不遗余力地给我鼓励。我永远记得他说的话，"就算我以后破产，也要吃黄老师做的菜"。

很多人说，朋友之所以成为朋友，是因为看到彼此身上相似的地方，同时又有自己缺憾却渴望的部分。"冰箱家族"里的七个人就像七面镜子，摆在我面前，时刻提醒着我，"见贤思齐，见不贤而内自省也"。感谢"冰箱家族"这个大家庭，包容我，温暖我。

《拜托了冰箱》的故事，未完待续……

《追忆似水年华》里面有句话：味觉可以承载记忆的巨厦。大概是说，有一天，我们老去，甚至是建筑街道、江川湖泊都更迭，唯独记忆深处的味觉体验还鲜明存在。

这一点，我深有感触：中国人，是为数不多的把食物吃出情怀的人。

所以，我从小就爱好烹饪。能做菜给喜欢的人吃，看到他们吃得心满意足，那样满足的感觉非常美好、微妙。说起这个节目，其实接节目的初衷，或者说对我吸引力最大的，是何老师。他台上耀眼，台下又十分温暖。还有嘉尔，是整个节目给我最大的惊喜。坦白讲，我以前不知道嘉尔，直到后来接触久了，才感受到他的人格魅力非凡，是一个非常真诚的大男孩。同时，我也觉得他在节目中所表现出的所有综艺感是最值得我学习的地方，我想他应该就是属于那种被"综艺之神"眷顾的人吧！

我们"冰箱家族"的六位厨师风格迥异，却又和谐一体。安打糕跟我最为亲近，真的像一个大哥那样照顾我；黄老师外冷内热；莎莎作为我们当中唯一的女孩，我总觉得要保护她、呵护她，但其实真的是她像个小姐姐一样一直照顾着我；涛涛，帅气又温暖；乐乐，和我总是相爱相

冰箱家族的美食情缘

田 树

杀，有时候做梦都会梦到他，哈哈。

第一季结束时的庆功宴上，大家都谈到了自己的感想。最让我感动的是，在最后一期要结束的时候，何老师红了眼眶，我们也都哭了。其实，我这个人最见不得家人、朋友哭，但是那时候我真正感觉到我们"冰箱家族"就是一家人！只是，我忍住了眼泪，因为当时画了眼线，怕妆哭花了，哈哈。

第二季结束的时候，我没有第一季那么感伤，因为我觉得我们一路走来培养的默契和感情，是很难分开的。无论节目有多少季，我都希望我们一年四季都在一起。即使不录节目的时候也可以彼此挂念，因为我想，或许这就是美食所带来的情缘吧！

码这些字的时候，刚读完四川凉山彝族自治州喜德县的罗洪诗且妹妹的来信。信中说她收到了莎莎姐姐物流过去的书本和衣物，最开心的是还有那么美味的饼干。她今年15岁，从未吃过除了杂粮饭和洋芋、白菜这些简单食材之外的食物。她把饼干分给班上同学们的时候，大家都小心翼翼地捧着，一边吃，一边傻笑。她说："莎莎姐姐，活在这世上最开心的事情，原来是吃饼干。"

唯音乐
与
美食
不可辜负

胡莎莎

那是"冰箱家族"寄给山区孩子们的手工曲奇饼，烤了很多很多。

我再次确信，美食即是爱，且力量无限。

这也是《拜托了冰箱》以及"冰箱家族"带给我的真实感受。由衷地感谢这档神奇的节目，给了我7位家人。已在天堂的爸爸有一次托梦给我说，他现在真的很放心，希望来世有机会也能到"冰箱家族"做客。我笑着醒来，泪流满面……绝对没问题啊，老爸！嘿嘿！

记得《拜托了冰箱》第二季录制前期，我想给"冰箱家族"写一首专属主打歌，乐乐开心地跳起了疯狂的士高，说他一定要唱出 GD 的感觉。嘉尔弟弟说："为什么不是唱出 Got7 的感觉？！"哈哈哈哈哈哈！田树根儿说他担心自己的音色不够性感，会不会让女施主们失望？那样会不会更找不着对象了？……

哈哈哈哈……

录制的过程是顺利的，因为"冰箱家族"的每一位成员都是那么敬业和认真。虽然不是专业歌手，但是乐感好到不行。黄老师录音的时候，录音老师说："这音色闭眼听就是伍佰 Plus 啊！wuli 涛更是唱得超赞，相信他也一定可以成为很优秀的歌手！"

哈哈哈哈……

必须要提到的是我们的老大：何嫩嫩。

何老师其实每天睡不了太久，因为需要他的人太多、需要他的工作太多。录制"冰箱家族"主题曲的时候，我担任制作人，和以往每一次担任音乐制作人时的感觉都不同，出奇地紧张。老大何嫩嫩从词曲创作时期，不厌其烦地给我鼓励与建议，让我安心、充满力量，一直到进棚录制人声的阶段。老大的档期满到全世界飞，但他为了可以跟"冰箱家族"凑到一起录音，下了飞机午饭都不吃，火速赶到录音室与大家会合，努力又耐心地练习。像真正的

大歌王一样，几乎一遍就完美地录制成功他的部分。作为歌手和音乐人的我知道，除了何老师的乐感优秀之外，他在录音前有认真地反复练习，这才是原因。

　　嘉尔的人声录制是在长沙完成的。我飞了过去，等嘉尔和他何哥哥录影结束之后赶到录音室，已是晚上11点半了。门铃响起，我开门看到的是他调皮地举着一件运动外套说："姐！今天长沙降温，很冷！何老师让我给你带一件外套，让你不要着凉了！快穿上！"

　　我感动得想哭，因为我们有那么好的亲老大何炅，贴心地照顾着我们每一个人，从未怠慢。我心疼得想哭，因为我们的嘉尔弟弟因为繁忙不止的工作，嗓子都已经哑了……

　　我在控制室外几度心疼地说："弟弟，不需要再录了，已经唱得很好了！"嘉尔说不行，他一定要唱到最好，因为这是"冰箱家族"的第一首合唱，是很有意义的。

　　谢谢我最好的哥哥与弟弟，你们是我的榜样。

　　安爸爸和黄老师永远毫无保留地指导着我们关于料理的一切。"冰箱家族"经常一起出差工作，每次安爸爸都会随身携带各种料理书籍。在候机室，在飞机上，在休息间，我经常会看到安爸爸捧着料理书认真地读着。那个节目里一手举着冰激凌，一手举着banana（香蕉）的"小黄人"，像个认真的孩子一样专注，谁也不忍心打扰他。安爸爸说，生命是不止地学习。他是我的料理师父，我真的为他感到骄傲！

我是出生在京剧世家的唱作歌手，我是自学烹饪的女性厨师，我爱音乐，我爱料理。音乐与美食就像空气和水，是幸福人生的真正活氧，它们为爱而生。带着爱唱出的旋律，最为打动人心；带着爱料理出的食物，最具治愈能力。我很幸福，因为拥有最完美的"冰箱家族"、最温暖的冰箱贴。感谢邱越姐，感谢腾讯，感谢《拜托了冰箱》的每一位导演和工作人员。你们是伟大的，因为你们创造的并不是节目，是爱。

唯音乐与美食不可辜负，"冰箱家族"永远在你们的身边，用爱料理，坚定不移。

在我的生活中，有许多温馨的小故事发生。这些小故事犹如一枚枚五彩缤纷的贝壳散落在我的脑海里。其中就有一个故事让我记忆犹新，那就是我的"冰箱家族"。

故事是这样开始的，有一天，我跟紫妹（杨紫）去外地出席活动。在车上跟紫妹聊得开心的时候，我的手机响了，显示一条未读微信。我打开看到是一个朋友发微信给我，要我参加节目。我当时就想：我普通话都说不好，还要我上节目，肯定不行啊！于是，我内心是拒绝的，但我又想问问她究竟是什么节目。她说："是一个做菜的节目！""呃……"做菜的节目我觉得还蛮不错的，也是想尝试看一下自己上节目是什么样子，于是我就答应她来参加这个"做菜的节目"。

11月的一天，天气超级冷，我打扮得超级超级超级帅地去见其他几位好伙伴。我来到南锣鼓巷的一个小店里，店面不大，但是里面有很多工作人员。我一进去就被他们的笑容给融化了。那时候的我有点小激动，一个人坐在一个角落里静静地等着其他小伙伴的出现。

穿着一件驼色的外套、一条深色的牛仔裤，围着一条格子围巾，一进门就很客气地向大家问好，声音很好听，大大的眼睛，高高的鼻梁，那就是田树。第一眼看上去好

我们要
一直一直
在一起

刘恺乐

舒服啊，超级有文化的样子，我们互看了一下点了点头。

这时候，有一个穿着灰色风衣的男子走了进来，白色的高领毛衣，深蓝色的西裤，是姚伟涛。哇，好有韩国欧巴的感觉。他进来的时候，房间里所有女生的眼光都聚焦到了他身上。（但是，我心里一直在想，有这么帅吗？大家醒一醒、醒一醒。哼，很想掀桌子！）哈哈哈哈，开玩笑啦。事实上，我们俩并没有互看，因为他一直都在照镜子，在看自己的头发有没有乱。这时候，我要去干一件大！事！情！上厕所。

回来之后，推开门看见一个陌生的、胖胖的、头发白白的人静静地坐在角落里看手机，一直在打电话、发微信，一有电话就出门去接。其实坦白讲，那时候我并没有特别注意，只是好奇他来这里干什么。哈哈哈哈！这就是我第一眼看到最可爱的安爸爸的情景，我还是继续坐在角落里等着小伙伴的出现。

我心里想着还有多少人要来呢？这时候，一个阿姨陪着一个姑娘进来了，姑娘笑得可甜可甜了。我就站在门口跟她说了一声"你好"，她一笑，我感觉就生出一种要保护她的感觉。（后来才知道偶尔莎莎也是女汉子。）

看看时间都十点多了，还有人要来吗？好开心啊，能认识这么多朋友。就在跟大家聊得开心的时候，一个长头发、戴着口罩、穿着皮衣皮鞋，很像黑社会老大的人进来了，感觉他好凶、好难以接触。他啥也没说，直接找到一把椅子坐下，把口罩摘了以后，哎呀呀……貌似更凶、更像黑社会老大了。大家都不敢接近他，总感觉他一定是那种脾气超级臭的人。这时，我想大家一定都很怕他，那我就要逗逗他，看他拿我有什么办法。有句话说得好，"一物降一物"嘛！哈哈，你就等着看我的厉害吧！

就这样，人到齐了。我们6个人就这样第一次见面了，然后一路相识相知到今天。从此，我今后的故事里又多了7位天兵天将，还有很多很多的冰箱贴。以后的路还很长，我们会一直在一起，好好地对待每一次的录制，带给大家更多的美食和欢笑。

时间过得真快，一年就这样过去了。在何老大、嘉嘉弟弟的带领下，我们家族一岁了！这本书是送给"冰箱家族"最好的礼物，也是送给冰箱贴最贴心、最美味、最温暖的礼物。

希望今后的日子里，我们都可以像现在这样，一直一直在一起！

参加《拜托了冰箱》是一件很奇妙的事情。几年前还在酒店工作的时候，别人如果问我什么职业，我会不好意思地回答"我是一名厨师"，因为说到"厨师"，大家一定会联想到胖胖的、油油的、脏脏的感觉。但近些年，大家生活越来越好了，对吃也越来越讲究了，民以食为天，大家开始推崇厨师，并把它当作一个神圣的职业。

现在，如果你会做菜，别人一定会觉得这是你的闪光点。我之前在上海有六年的酒店工作经验，最开始的两年在浦东香格里拉做泰国菜，随后一年在柏悦酒店转型做了西餐，之后又在可以说是最好的半岛酒店做了三年西餐。但也是因为追求个人的梦想，三年前，我放弃了原来的工作开始参加一些唱歌比赛。最后，还去韩国做了一系列系统性的训练。曾经，我一直在想如果之前做厨师的六年可以用来学音乐该多好，但万万没想到正是做"厨师"的这段经历让更多的人现在可以知道、了解并且喜欢我。

当节目组找我录制的时候，我其实是非常矛盾的。原因就是三年没拿过菜刀的我要在十五分钟内按照别人冰箱里现有的食材做一道菜，压力好大，但我身上一直有股不服输的劲让我决定参加这个节目。整个节目录制期间，我印象最深的有两期，一个是第一期，因为第一次录制特别紧张，和"冰箱家族"也都还不熟悉，整场感觉都很

缘，
妙不可言

姚伟涛

尴尬。我不知道要说什么，做菜也是新的环境、陌生的道具。其实，看过第一期的朋友都知道我把饺子煎煳了。在现场的时候，我简直想挖个洞钻进去。第二次是杜海涛那一期，因为到了第二季，对节目流程也比较熟悉，毕竟是做菜节目，就觉得厨艺好才是硬道理。在第一季结束后，就开始一直练习做菜，想不断地提升自己。因此，杜海涛在我做菜的时候看到了我的努力，我特别感动，特别欣慰。也是通过这些微小细节的努力，让我知道，所有的认真和努力都不是白费的，终有一天会被大家看到和认可的。

这个节目还带给了我一群亲人，他们就是可爱的"冰箱家族"成员：何老大一直是很温暖的大哥哥，照顾着我们每一个弟弟、妹妹；嘉尔就像是个开心果，他的呆萌总能给我制造一些快乐；很多人看了节目后说我是厨师里最会唱歌的，唱歌里最会做菜的，那么其实莎莎就是女版的我；田树是我这 27 年来第一次见到的一款，他说话完全听不懂，就好像穿越到了古代；黄老师做菜的时候认真、帅气，做菜时高冷，私下就很呆萌、可爱；安老师就是个小萌叔，他让我知道了保持年轻的心态是多么重要；乐乐就是个大大咧咧、想什么说什么、心直口快的耿直 boy。

因为有了他们每一个人，我每次去北京都不再感觉孤独。

《拜托了冰箱》是一个神奇的节目，因为它，我又找回了对做菜的热情。现在还是坚持磨炼技术，希望第三季可以给大家展现出一个更惊艳的菜品。同时，也想对关注这个节目的朋友们说一句："做菜真的没有那么难！认真收看我们的节目，认真阅读我们的书，你也可以哟！"

我儿时的梦想就是当一名厨师，让我的餐厅拿到米其林的荣誉。我怀揣着这个梦想一路走过来，得到过满足，遇到过困难，但是我一直很骄傲。从事厨师这个职业，我觉得我是一个很幸福的人，每天做着自己喜欢的事，得到大家对我的认可，真的是无比满足。

一个很偶然的机会，我参加了《拜托了冰箱》这个节目。在这个节目里，我结识了一群好朋友，从第一季开始，到第二季，我们慢慢地便成了家人。几天不见面，就会互相牵挂，想到暖心的何老师、机灵的嘉尔、我的酒友黄老师、美丽的莎莎、耍酷的伟涛、傲娇的乐乐，还有不说人话的田树。

再后来，我们是暖心的一家人，希望我们可以一直这样走下去，永远不要分开！

最后，我想对大家说："世界上没有做不成的事，只有你想做不想做。我的冰箱贴们，我们一起，勇敢地朝着自己的梦想前进吧！"

我们是一家人

安贤珉

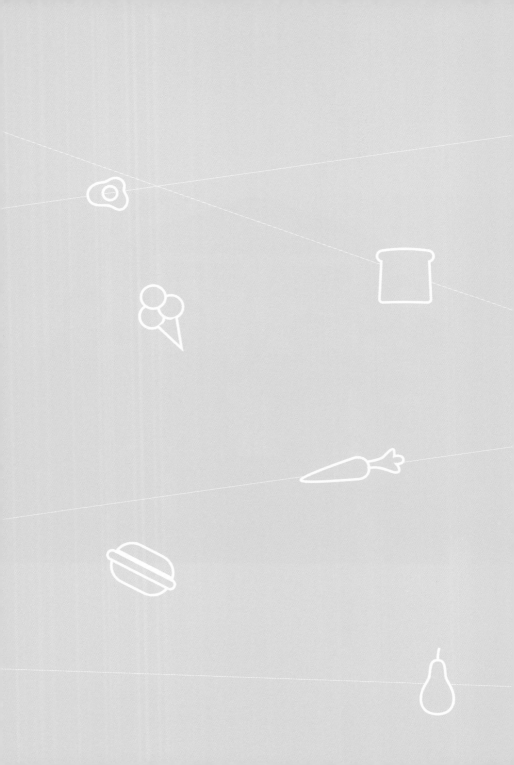

美食图谱

我有美食和酒，你会不会和我走

盐、糖等粉末状调味类食材

2g：半勺（糖）、平铺勺子底部（盐）
5g：1 勺（糖）、半勺（盐）

蜂蜜、橄榄油等液体状调味类食材

5g：半勺
8g：大约 4/5 勺
10g：1 勺

啤酒、牛奶、酸奶、椰浆、淡奶油等液体状食材

10ml：1 勺
30ml：3 勺
50ml：1/4 杯

容量约 10ml 清水　　　　容量约 200ml 清水　　　　容量约 250ml 清水

燕麦、面粉、淀粉类粉状食材

30g：约 3 勺
50g：2/5 碗
125g：1 碗

牛肉、鸡肉、猪肉、鱼肉等肉类食材

在此处介绍一种用手测量的小妙招。一般以成年女性的手为例：

100g 肉类 ≈ 一个手心的大小
（厚度相当于一摞扑克牌的高度）
100g 三文鱼 ≈ 一个手心的大小
（正常三文鱼的厚度，不要切片）

西蓝花、紫薯、山药等蔬菜类食材
在此处介绍一种用手测量的小妙招。一般以成年女性的手为例：

80g 非叶类蔬菜 ≈ 一个拳头的大小
80g 叶类蔬菜 ≈ 双手一大捧

PART 1
吃好多顿饭
爱你就是陪你一起

撒贝宁 · 李小璐 · 包贝尔 · 昆凌

撒贝宁

千层MC

食材 **：** 虾 2 只，豌豆 50g，菠菜薄饼 1 张，芝士片 1 片，西蓝花 20g，圣女果 3 个，鸡蛋 1 个，淡奶油 10ml，牛奶 50ml，黄油少许，盐、黑胡椒碎、橄榄油适量

　　一道好的菜，你可以在里面品味出许多层丰富的味道。不同的滋味相互交替，演变出新的发现和可能。菜如此，人生一样。就像即使在家也可以亲手烹制这样一道米其林级别的料理，来一场绝对独家的高逼格甜蜜约会。品味美食的同时，看见有关自己、有关爱的更多惊喜。

⊗ **黄研**

▲◁▲◁

观看完整料理制作过程

取出菠菜薄饼和芝士片备用，用模具分别压出圆形的小饼状。两片菠菜薄饼之间加入一片芝士片，摞在一起，呈"三明治"状。

◌ 取出锡纸，在上面刷上一层薄薄的橄榄油。将摆好的芝士薄饼放入事先预热180℃的烤箱中焗烤3分钟，待芝士融化即可取出。

◌ 用清水焯煮豌豆。（Tips：开水焯蔬菜时，需加入适当的盐，煮熟后冷水激凉可保持蔬菜颜色鲜亮。）

煮软后的豌豆放入搅拌机，焯过的热水保留 30ml，加入橄榄油倒进搅拌机打匀成泥状。

豌豆泥中加入蛋清、黑胡椒碎和淡奶油，用打蛋器打匀，倒入用锡纸紧紧包住底部的圆形模具中，防止液体流出。

模具入事先准备好的蒸箱 8~10 分钟，蒸成糕状。（Tips：没有蒸箱，换成家常用的蒸锅也 OK。）

将焯过水的西蓝花切成末，撒入盐和黑胡椒碎，拌匀备用。

圣女果从中间对切，去芯留皮，将皮切成细丝后再切成小粒状，加入橄榄油、盐、胡椒粉调味备用。

取出虾进行处理，注意沿着虾背部的线切开，将里面黑色的虾线取出，放入锅中加橄榄油双面煎至金黄色。

取出烤好的芝士薄饼摆盘做底，将煮好的豌豆泥糕沿圆形模具的边缘完整取出，叠加在芝士薄饼上，顶部依次再叠加上西蓝花泥、虾和圣女果。

用奶锅将牛奶煮开后加入黄油煮稠关火，淋在豌豆泥旁边做装饰，摆盘，装饰。

我的美食手账

李小璐
我们白着呢

食材 ： 三文鱼 150g，紫薯 100g，山药 100g，蓝莓 100g，柠檬 1 个，新鲜柠檬草 1 根，牛奶 200ml，蜂蜜、海盐、橄榄油、黑胡椒、淡奶油、食用鲜花根据个人口味适量添加

世间所有的爱都是为了团聚，唯有父母的爱指向别离。但这从来都不妨碍孩子永远是心底最温暖、最柔软的一盏灯，照亮了我们前行所有的勇气。这样一道满是营养和爱意的亲子料理，既是送给孩子的，也是送给自己的，因为真的好感激今生可以和你相遇。

 胡莎莎

◀◀◀◀
观看完整料理制作过程

将紫薯、山药洗净切成小块，放入锅中煮熟。

将煮熟后的紫薯与山药捞出放到料理机中，以 1:1 的
比例加入牛奶、蓝莓，打碎成浓汤状。

　将紫薯山药浓汤装入碗中，依次加入少许的柠檬汁、
蜂蜜、海盐、黑胡椒颗粒，备用。（滴入柠檬汁后，紫薯
山药浓汤会变成超级梦幻的粉红色！）

　三文鱼一块，去皮。取少许海盐和橄榄油抹在鱼肉
表面入味。不粘平底锅中加少许橄榄油，手距离锅上
方感到稍稍温热的时候放入三文鱼，煎至双面金黄色。
（Tips：切忌不要油温过热，否则鱼肉容易焦煳。）

　　将调好味的彩色浓汤倒入盘中垫底，已经料理好的三文鱼居中摆放在盘内。浓汤周围均匀地淋上淡奶油，并摆上新鲜柠檬草及鲜花点缀，装盘。

我的美食手账

包贝尔
包你满意

食材 ：干面粉 50g，菠菜 50g，南瓜 50g，红心火龙果 50g，牛里脊 50g，猪肉馅 50g，胡萝卜半根，香菇 2 朵，鸡蛋 1 个，姜 1 块，蒜 2 粒，浓汤宝 1 盒，蒜蓉辣酱 2 勺，芝麻香油 2 勺，黄灯笼辣椒酱半勺，花椒油 1 勺，白芝麻 2 勺，新鲜罗勒叶 2 片，薄荷叶少许，欧芹碎少许

　　或许每个人本质上都是孤独的，但这并不妨碍我们一路前行，总会有朋友相陪、有家人相伴。就像每每亲人相聚，举家团圆，煮上一锅这样热气腾腾的料理，在翻滚的水花与热气间，感受一份来自心底浓浓的暖意。生活终将温柔，许你一份如意。

⊗ **胡莎莎**

◁◁◁◁

观看完整料理制作过程

　将菠菜、南瓜、红心火龙果分别榨汁，并分别和面粉搅拌均匀，制成彩色发面团备用。（可以购买无色素添加的彩色面团哦，这样更加方便，但是新鲜果蔬调出的面团口感会更好、更健康。）

　取包子大小的彩色面团擀成薄片，再切成正方形的面皮备用。（Tips：方形比圆形的面皮更容易上手操作，方便成形。）

　牛里脊用刀剁成肉糜（也可用搅拌机搅碎成泥状），盛出。将已经备好的猪肉馅倒入其中，再加入洗净切碎的胡萝卜碎、香菇碎、蒜蓉和姜末。

在混合好的馅料中加入生鸡蛋黄 1 个，以及蒜蓉辣酱、黄灯笼辣椒酱、芝麻香油、花椒油和白芝麻搅拌均匀，备用。（Tips：黄灯笼辣椒酱口味比较辣，可以根据个人口味适当选择或者不添加。）

将备好的秘制馅料酿入彩色面皮中，注意手法上要先同时捏住面皮的对角，固定后再沿着同一方向旋转捏出包子褶。手法、力度一定要掌握好，避免包子在煮的过程中散开。

粉色、绿色、黄色三个包子。

将包子放到小漏勺中，然后放到开水中煮熟捞出沥干备用。（Tips: 水中可以放入少许橄榄油和盐，这样包子的色泽会更加靓丽。捞出后一定要过凉水，保证包子的弹性！）

另备小锅，锅内放入 1 小盒浓汤宝和少许罗勒叶，加入纯净水 100ml 调味烧开，作为三色包子的铺底汤汁。将包子依次摆放、装盘，点缀新鲜薄荷叶，每个包子的褶皱处撒上白芝麻以及新鲜欧芹碎装饰。

我的美食手账

食材 **：** 彩色汤圆 6 颗，鸡蛋 2 个，牛奶 200ml，冰激凌球 1 个（100g），糖 30～35g，紫葡萄、草莓适量，褐色焦糖（糖粉）适量

原来最真实的微笑和浪漫，就像蛋黄与牛奶的初次相见，丝滑柔嫩中带着一份恰到好处的甜，可以融化所有的灰色和不安。亲手烹制一份可口入心的甜点送给那个对的人，情人节其实每天都可以过。

 黄研

◁◁◁◁
观看完整料理制作过程

将牛奶倒入盆中，依次加入鸡蛋（1 个全蛋 +1 个蛋黄）、糖、冰激凌搅拌均匀，成稠质液体状，备用。

取三个彩色的小蒸碗，将已经调好的蛋液倒入蒸碗中。

烧水，将彩色汤圆入水煮熟，捞出。

把捞出的汤圆放到上面的蒸碗中。注意一个蒸碗中放入
1~2个汤圆即可，汤圆不要完全浸入蛋液，至少保留1/3
在蛋液外面。

取出保鲜膜盖住蒸碗，并在上面用刀尖刺出2~3个小
孔，放入蒸锅中蒸成蛋羹状成形即可取出，需要4~5分钟。
（Tips：在保鲜膜上划出小口，这样既保证通气，又能让蛋
羹的口感更加细腻。）

撕掉保鲜膜，撒入褐色焦糖。这时，如果你家中有喷枪，可以用喷枪将表面喷至焦糖状，这样会在蛋液表层形成一层薄薄的酥壳，味道会更加外酥里嫩。当然，如果没有喷枪也OK，你可以加入少许糖粉，同样可以品尝到纯正、嫩滑的口感。直接将葡萄和草莓切成块状，摆盘装饰，就可以品尝了。

我的美食手账

PART 2

我只要美食、
爱和你

陈晓·陈妍希·杜海涛·沈梦辰

陈晓
冬日雪饼

食材 **：** 娃娃菜 1 颗，鸡蛋 1 个，白萝卜 1 块，牛肉片 50g，铁棍山药 30g，芝士片 2～3 片，面粉 30g，番茄酱、蛋黄酱、色拉油、葱、盐、胡椒粉、姜适量

　　冬日里慵懒的午后，窝在沙发里一个人静静地发呆。窗外有阳光、有白雪，捧起这份用心料理的雪饼，就像捧起了一份独属自己的"小确幸"。又像是捧起了一碗入夜之时的鸡汤，暖了了胃，更暖了了心。

 黄研

◀◀◀

观看完整料理制作过程

将娃娃菜切碎。

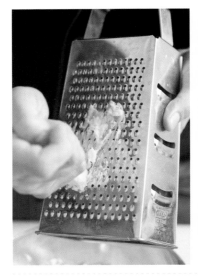

🍲 山药用研磨器磨成泥状，姜、葱切成末，备用。

🍲 将山药泥倒入切碎的娃娃菜中，加入面粉、鸡蛋、姜末、葱末、水 25ml 左右、一小汤匙盐，搅拌均匀。

🍲 炒锅加热至高温，倒入色拉油润锅，将原材料倒入炒锅内，用铲子从炒锅边缘不断调整成圆形饼状，盖上盖子焖制 2 分钟。

打开锅盖，在饼上均匀地覆盖牛肉片，撒入盐和胡椒粉，继续焖制 2 分钟。

打开锅盖，在牛肉片上倒入一小汤匙色拉油，保证牛肉表面的润滑不粘锅，利用锅铲翻面烤制，待翻面烤熟后翻回。在牛肉片上均匀地覆盖芝士片，盖上盖子焖制 2 分钟。熟透后，装盘备用。

⟳ 在装盘的煎饼上淋上蛋黄酱、番茄酱和葱花。

将白萝卜先片成片状，再切丝，用水泡制成透明色，装饰在煎饼上面。（Tips：此处切萝卜丝的技术水平直接影响菜品的美观度，自己在家多多练习保证美观的同时，一定要注意安全哟。）

我的美食手账

陈妍希
金玉食缘

食材 ： 南瓜 1 个，生菜 1 颗，菠菜茎 10 根，猪肋排 100g，三文鱼 200g，菠萝 1 个，橙子 1 个，淀粉 60g，葱、姜、蜂蜜、白糖、盐、食用油适量

　　上好的爱情和美食一样，不需要过多的修饰和点缀，"金风玉露一相逢，便胜却人间无数"。春暖花开的日子里，亲手酿上一道甜甜蜜蜜的桃花菜，愿新的一年里可以收获有关爱情、有关幸福的所有好运气，一切都比想象的再好一点点。

　　　　　　　　　　　　　　　　　　　　　　　　⊗ 田树

☆节目中没有出现的全新料理☆

◎ 将猪肋排剔骨，只留剔除下来的肉剁碎备用。三文鱼沿纹理剁成泥状，备用。（Tips：猪肋排上的肉比普通的猪肉更加劲道弹滑。）

◎ 准备一小碗水，把葱切细条，姜切片，葱丝和姜片泡在水里。将三文鱼泥、猪肋排肉泥倒入碗中，混合到一起，加入 1 小勺盐、食用油、葱姜水和 1 小勺淀粉搅拌均匀成馅状。（Tips：葱姜水既可以保证葱姜的味道入味，又避免在馅料中有葱姜段带来的不适感，你也可以试试哦。）

◌ 橙子、菠萝去皮切小块，备用。

◌ 锅里烧热水，将南瓜去皮切小块放到锅中煮软，捞出，和已经备好的橙子块、菠萝块一起用搅拌机搅拌成泥状。

◌ 在南瓜泥中倒入两勺清水、一小汤匙蜂蜜和白糖，用漏勺把南瓜泥过滤一遍只留汤汁。

◌ 把和好的肉馅裹上一层淀粉在手里和碗之间来回摔打几次。（Tips：保证肉质的劲道和鲜嫩。）

◌ 手上抹一些食用油，把肉馅挤成小丸子状放入热水锅中煮熟，捞起。

把生菜和菠菜茎放入热水锅中焯八成熟，捞出。用焯好
的生菜叶把肉丸子包起来，用菠菜茎系好。

将过滤好的南瓜泥盛盘，将包好的菜叶肉丸放到南瓜泥上，装饰，摆盘。

我的美食手账

杜海涛
I'm strong, not
虚胖

食材 ： 综合干果 100g，牛奶 200ml，养乐多 2 瓶，鸡蛋黄 2 个，蛋白粉 1 汤勺，燕麦 100g，蜂蜜 30g，盐 1 小勺，白糖 80g，气球 1 个，食用花 3 朵，橄榄油、黑胡椒适量

懂得为小事情快乐，才是真正的大智慧。生活中再平凡、再微小的存在，只要懂得换一个角度和创意，总会见到不一样的惊喜。就像最大的梦想就是把每一个小小的梦想付诸实践，就像谁说男生都不喜欢甜点？用心烹饪，用爱料理，本身就是送给男朋友的一个小小奖励。

 安贤珉

◀◀◀◀
观看完整料理制作过程

⑥ 凉锅加热，依次放入橄榄油、黑胡椒、白糖、蜂蜜、50g 燕麦和综合坚果，不停地翻炒至金黄色，出锅晾凉备用。

煮锅中依次加入牛奶、盐、养乐多和 50g 燕麦。煮熟烧开后，用过滤网滤掉多余水分，呈燕麦糊状（固体状）。

　　取出圆形模具，将磨具摆放在盘子中间，依次向模具中加入燕麦糊、炒好的坚果碎，成"汉堡"状，叠层摆放。

ⓒ 煮一小锅牛奶，里面加 1 小汤匙蛋白粉和 2 个蛋黄。搅拌均匀后，倒入气球中，再将气球吹起系好固定。

ⓒ 把气球放到液氮中迅速旋转，直到里面的蛋奶液体完全冷冻，取出，慢慢地将气球剥离。(Tips：液氮常压下温度为 -196℃，一般用于工业制冷和医疗；有条件可以尝试的朋友，一定要在有安全保护的情况下小心使用，注意安全！)

ⓒ 将奶油球扣在刚刚做好的汉堡上，沿四周均匀撒上燕麦坚果碎，装饰，摆盘。

我的美食手账

沈梦辰
forever love

食材 ：　西芹 1 小根，猪肉 200g，豆瓣酱 1 勺，鸡蛋 1 个，苹果半个，梨半个，白酒醋 1 勺，红肠 1/3 根，南瓜半个，枸杞 8 颗，糖 5g，牛奶 200ml，欧芹碎少许，橄榄油、面粉少许

　　或许正是因为生活的本质在于平淡，所以我们才需要来自纪念日的小小仪式感，让我们学会感恩、学会珍惜、学会铭记。因为在这一刻，无论是语言、文字还是美食，都足以让属于我们的每一个普通却不平凡的小日子闪闪发亮，熠熠生辉。

 姚伟涛

◀◀◀◀

观看完整料理制作过程

◌ 用刨皮刀把西芹刮成 1 根
长条，注意不要断，宽度均
匀，备用。

◌ 把猪肉切成约一寸照片大
小的肉片，加入面粉、1 个
蛋清、5 克糖和 1 勺豆瓣酱，
用手抓匀，腌制 3 ~ 4 分钟。
（Tips：注意肉片不要太薄，
要有一定的厚度，这样可以保
证肉质入口的嚼劲和口感。）

南瓜切片，加入牛奶，冷水泡过的枸杞煮沸后捞出放入牛奶里。将有南瓜和枸杞的牛奶放入搅拌机打碎成糊状，倒出，备用。

梨、苹果、红肠切成小丁，倒入锅中加橄榄油、白酒醋炒香，盛出。

腌制好的肉片放到煎锅中煎熟，取出。

   盘子上下两端各用备好的南瓜糊涂抹装饰，将炒好的苹果、梨、红肠丁摆在盘子中间垫底，用西芹条包裹两片煎熟的肉片放置其上，周围撒上适量欧芹碎。

我的美食手账

PART 3

再忙也要好好吃饭

郑恺 • 宋佳 • 大张伟 • 薛之谦

郑恺

千层牛排

食材 ⊗： 牛排 500g（比火锅用的厚一点），芝士碎 100g，花生 100g，燕麦 100g，鸡蛋 2 个，啤酒 100ml，面粉 100g，梨 2 个，白酒醋 2 勺，蓝莓 6 粒，小西蓝花 4 朵，水果胡萝卜 2 个，樱桃小萝卜 2 个，盐、胡椒粉适量

　　不曾想过的食材可以搭配，不曾想到的味道可以碰撞，但有什么不可以的呢？就像劲道的牛肉配上浓醇的芝士和香脆的花生燕麦，再淋上一滴饱满的梨汁，轻轻咬一口，满满都是梦幻的小味道。因为这就像生活呀，只要你一直奔跑，总会有惊喜在前方拐角处静静守候。

⊗ **姚伟涛**

☆ **节目中没有出现的全新料理** ☆

牛排切成 0.5cm 的薄片，取 1 片均匀地撒上芝士碎、盐和胡椒粉，再盖上一层牛排片。继续撒上芝士碎、盐和胡椒粉，最后再盖上一层牛排片，最终呈现出 2 层芝士、3 层牛排片的"三明治"状牛肉芝士饼。

取两个鸡蛋清和 100ml 啤酒倒入一个碗中搅拌均匀，将牛肉芝士饼先均匀地裹上一层面粉，再放入碗中均匀地裹上蛋液。

花生切碎，倒入碗中与燕麦混合。

将牛肉芝士饼沾上花生燕麦碎。

将沾上花生燕麦碎的牛肉芝士饼放入锅中煎熟，取
出。用圆形小模具制成小圆饼形状，备用。

⑧ 梨切片，加入白酒醋和水煮开后倒入搅拌机中打碎成酱汁，备用。

⑧ 将已经备好的牛肉芝士小圆饼放入盘中，西蓝花和水果胡萝卜煮熟捞出，樱桃小萝卜切片，蓝莓对半切开，摆盘，装饰。沿牛肉芝士小圆饼一侧淋上梨汁调味。

我的美食手账

食材 ： 桃子 1 个，红酒 1 瓶，糖 80g，面粉 40g（有条件的小伙伴可选用 25g 高筋面粉 +15g 低筋面粉，这样会更加劲道），鸡蛋 2 个，淡奶油 50ml，牛奶 200ml，可可粉（或咖啡粉）少许，糖粉少许，黄油 70g，冰激凌球 2 个（200g），装饰花

　　所有美味的背后都是一种情感。浓浓煮沸的红酒散着醉人的香气，融合了桃子的清甜，更酿出了无法言说的口感和浓醇回味，借得一杯佳茗送佳人，就像是追女神的必杀技，惊喜之余品味出的又何尝只是一道料理这么简单？

⊗ 黄研

◁◁◁◁
观看完整料理制作过程

◌　桃子去皮、切半，备用。（Tips：桃子表面画十字刀，放入清水中浸泡，可以更轻松地去掉桃子皮，可以试试哟。）

◌　锅内倒入一瓶红酒烧热，点燃红酒。待酒精开始挥发后，放入10g糖、切半的桃子，煮沸。

◌　取一张油纸用刀尖划出一道小口后盖入锅内，桃子煮熟直至松软后（10分钟左右）取出，备用。（Tips：盖上油纸是为了更多地保留桃子中红酒的香气和色泽，同时避免液体溢出。）

◌　取一个干净的小盆，盆中加入1个鸡蛋、1个蛋黄、40g面粉，搅拌均匀，备用。

  奶锅中加入 200ml 牛奶、40g 黄油，边搅拌，边加热至黄油融化，分 3 次加入到上述的面粉盆中。过程中，视情况加入适量面粉调整比例，至黏稠度接近蛋液状即可。加糖40g，过筛备用。

热锅，加入 10g 黄油，把鸡蛋面粉糊倒入锅中，制成蛋饼。将摊好的蛋饼取出对折两次，煮好的桃子切块，摆盘。

锅中加入 50ml 淡奶油、30g 糖、20g 黄油、水适量，熬成焦糖，均匀地淋在蛋饼和桃子上。

⟡ 挖 1 勺冰激凌摆盘，用小漏勺在盘子上方薄薄地筛一层可可粉，装饰。

我的美食手账

大张伟
清理冰箱

食材 ： 黄瓜1根，肉串1串，生培根3片，汉堡肉饼1个，鸡腿肉1块，鸡块肉1块，面包片1片，土豆1个，西红柿1个，鸡蛋1个，榴梿（视个人喜好选择是否添加），蚝油、草莓酱、盐、橄榄油、牛奶、黑胡椒碎少许

　　寂静的深夜，揉揉酸痛的眼睛，关掉桌上的电脑，走出已经四下空空的办公楼，这大概就是每一只"加班汪"都再熟悉不过的场景了吧。这时候，我知道，你需要的不仅仅是一个大大的拥抱，还有一份足够分量可以让胃和心同时得到满足的小小消夜。没错，就是这样，打开冰箱，找到里面所有的美食，带着爱意看着它们完美融合，就像是看着每一个小小的梦想在自己心里生根、发芽，繁盛如花。

⊗ 安贤珉

◀◀◀◀
观看完整料理制作过程

　　♨　黄瓜、肉串、生培根、汉堡肉饼、鸡腿肉、鸡块肉分别切块，入锅翻炒，加入适量橄榄油、蚝油、草莓酱、黑胡椒碎、盐，炒出香味后盛出，备用。

　　♨　土豆切片加入一小汤匙牛奶，撒入适量盐、黑胡椒碎，盖上保鲜膜放入微波炉中加热 3 分钟，取出，压碎成土豆泥，再加入橄榄油和牛奶，搅拌均匀，备用。

西红柿切碎，加入榴梿搅拌成汁状，备用。

面包片切丁，用搅拌机打碎，成面包糠，备用。

准备一只空碗（适用于烤箱的其他容器也可以），依次放入炒好的蔬菜和肉块、1 个生鸡蛋，再加入西红柿汁和土豆泥搅拌均匀。

最后铺上已经备好的面包糠，将逐层铺好后的食材送入烤箱（预热 180℃）烤制 3 ~ 5 分钟，至表面金黄取出即可。

我的美食手账

薛之谦

你还要我怎样

食材 ： 鸡胸肉 1 块，橙子 1 个，柠檬 1 个，青、红、黄彩椒各 1 个，香菜少许，椰浆 50ml，柠檬汁、盐、料酒、鱼露各半勺，辣椒油 1 勺，泰国甜辣酱 1 勺，黄油适量，香茅 1 根，罗勒叶 2 片，姜一小块

　　谁说追求山峰的高度就一定要忽略沿途的风景？谁说渴望海底的神秘就一定要遗忘表面的浪花？谁说健身和美食就真的是鱼和熊掌不可兼得？怀揣好内心一直坚守的信念，用心和爱料理手中的食材，健身餐中也可以有战斗餐。

⊗ **姚伟涛**

◀◀◀◀
观看完整料理制作过程

鸡胸肉切成薄片，用刀背轻轻捶打，打断鸡肉里的筋络会让肉质更加滑嫩，均匀地抹上一层泰国甜辣酱调味。

◐ 在案板上铺上一层保鲜膜,把鸡胸肉放在保鲜膜上,彩椒切丝均匀地摆放在鸡胸肉上,沿着一个方向卷成肉卷状。

◐ 卷好后将保鲜膜两端拧紧收口,保证鸡肉卷不会散开。

◐ 入蒸箱或蒸锅中蒸熟,大约 5 分钟,取出备用。(Tips:鸡肉卷中的彩椒可以替换成任意自己喜欢的食材。)

③ 奶锅中加入 50ml 清水和 50ml 椰浆，倒入半个橙子挤出的汁，加入料酒煮开。煮开后加入姜、香茅、柠檬汁、黄油和鱼露。（Tips: 各种香料的作用在于提味道，依个人喜好添加。）

将蒸熟的鸡肉卷切成斜段，放入碗中，倒入熬好的椰浆汤汁，均匀地淋上辣椒油，撒上香菜碎，装饰，摆盘。

我的美食手账

PART 4

少年的美食态度

刘昊然 ● 曾舜晞 ● 魏晨 ● 王嘉尔

食材 ： 鸡蛋 4 个，西班牙火腿 100g，燕麦 150g，新鲜大号车厘子 200g，马苏里拉芝士碎 150g，青柠檬 1 个，比萨酱、盐、黑胡椒粉、橄榄油、新鲜迷迭香少许

关掉闹钟和手机，打开最喜欢的音乐，躺在床上一睁眼就是窗外满满的阳光，这样慵懒的周末上午，总是最舒服、最惬意的存在。这时，你需要再来一份散着浓浓奶香和车厘子清甜气息的 Pizza，帮你把味蕾和整颗柔软的少年之心一起唤醒。

 胡莎莎

☆节目中没有出现的全新料理☆

  取一只碗，放入燕麦 150g、鸡蛋 4 个、黑胡椒粉和盐少许，充分
搅拌均匀。

  热锅，加入一小汤匙橄榄油，用油刷将锅涂抹均匀，将燕麦鸡蛋液
倒入锅中，制成燕麦蛋饼，作为 Pizza 的饼底。

将 Pizza 饼放入烤盘中，在饼上均匀地涂抹一层比萨酱，铺上一层火腿片。

车厘子对半切开，挖出内核，扣放在 Pizza 饼上。（Tips：此处大家可创造发挥，放任何喜欢的水果或其他食材。）

将芝士碎撒放在 Pizza 饼上车厘子之间的缝隙处。

🍂 入烤箱，上下火预热 200℃进行烤制，待表面芝士融化即可取出，装盘。

🍂 用擦丝器擦取青柠皮，撒入少许黑胡椒颗粒及新鲜迷迭香点缀，装饰。

我的美食手账

曾舜晞
迷雾森林

食材 ： 对虾 1 个，牛油果半个，鹅肝酱 2 勺（可以不加），圣女果 4 个，青口贝 4 个，细芦笋 4 根，柠檬 1 个，蜂蜜 40ml，大蒜、大葱、橄榄油、白葡萄酒、黑胡椒粉、蚝油、黄油、盐根据个人口味适量。

　　并不是每一次努力都会成功，就像并不是每一次跌倒都能马上爬起，就像并不是每一次尝试都能完美地呈现一道料理，但那又怎样呢？只要不纠结、不彷徨，不害怕、不恐惧，一步一步脚踏实地，坚定、执着、不放弃。我们始终相信每一个少年，都是最勇敢的追梦者，穿越迷雾，终见森林。

⊗ **安贤珉**

观看完整料理制作过程

用榨汁机榨取柠檬汁，依次加入蜂蜜、盐、黑胡椒粉、蚝油，搅拌均匀。圣女果焯水后去皮，切成两半，放入已经调好的柠檬汁腌制入味。

对虾去皮留下头和尾，注意背部开刀，取出虾线扔掉。将对虾背上切十字花刀后，放入保鲜袋中，袋中加入少量盐、胡椒粉、柠檬汁、蜂蜜和橄榄油，放到锅里低温慢煮。（Tips：低温慢煮的关键是保证温度基本维持65℃不变，保证虾的肉质更加鲜嫩均匀，操作时可以加温一阵儿后关火焖煮，待温度降低再加热，以此重复。）

❸ 烧热锅，放入切好的葱丝、蒜片，以及青口贝、芦笋，撒入少许盐和黑胡椒粉，倒入 1 小杯约 20ml 白葡萄酒，翻炒出香味后即可。汤汁滤出备用，青口贝取肉弃壳备用，芦笋盛出备用。

❸ 烧热锅，重新熬制青口贝汤汁，将腌制圣女果的汤汁倒入锅中，加入黄油，熬至黏稠状盛出。

🍃 将煮好的对虾取出，在背面抹上一层鹅肝
酱，摆到盘中。

🍃 牛油果对切，取出内核，切成薄片，铺放
在对虾的表面。

将芦笋、圣女果、青口贝分别装饰在虾的周围，淋上滤好的汤汁，用玻璃罩将所有的食材罩住，用烟熏枪往里面注入烟气，打开盖子，就可以享用了。(Tips：没有烟熏枪，其实并不影响我们享用美味哟。)

我的美食手账

魏 晨
带我飞

食材 ： 鸡胸肉 100g，三文鱼 100g，牛肉 80g，鸡蛋 1 个，面包糠、面粉少许，红、黄、绿彩椒各 1 个，酸黄瓜 2 根，蓝莓酱、蓝莓、盐、黑胡椒粉适量

　　即使外在增加了一层又一层坚硬的外壳，我始终知道你内心深处跳动的是一颗多么柔软的内核。匆匆多年后的少年，一如昨天。就像是用心为你准备的便当，在每一个有风、有笑、有阳光的日子轻轻打开，飘散出沁人心脾的青春味道。

⊗ 刘恺乐

☆节目中没有出现的全新料理☆

鸡胸肉切成细长的薄片，用刀背轻轻捶打，打断鸡肉的筋络，撒盐和黑胡椒粉调味。

切约相同大小的牛肉片和三文鱼片，撒适量盐和黑胡椒粉，备用。

彩椒去筋络，切成 3 片薄片，绿色、黄色、红色各一片。

将黄色彩椒放到鸡胸肉的中间部分，在黄色彩椒上放上切好的薄牛肉片，在牛肉片上放红和绿色的彩椒片。

　　然后再在上面放上三文鱼。将鸡胸肉的两边向上折叠，包裹住里面的彩椒、牛肉和三文鱼。

　　将包裹好的混合肉卷依次裹上一层面粉、一层蛋液、一层面包糠。

🅒 热锅烧油至150℃左右，将肉卷放入锅中炸熟，小心翻转，至双面焦黄出锅。(Tips：可将少量面包糠放入油锅中看上升的速度来测油温，面包糠呈现慢慢上升状态则油温是150℃~160℃。)

🅒 沿着肉卷的横切面切开，摆入盘中。

🅒 酸黄瓜条切丝，蓝莓对半切开，装饰，摆盘。

王嘉尔
double cheese, double ice cream

食材 ：泡面 1 袋，蚝油 1 勺，橄榄油适量，黑胡椒碎、盐少许，绿茶冰激凌 1 杯，少量酱油，酸奶 100ml，鲜牛奶 100ml，淡奶油 100ml，蒜 1 头，洋葱 1 个，芝士粉少许，芝士片 1 包，小葱 1 根

　　世界很大，路还很长，即使一个人也要好好吃饭、用力微笑。一道看似简单却不平凡的料理，送给所有当下还是单身小汪的你，因为温暖的一人食，也可以有 ice cream 的甜和 cheese 的浓郁。学会更好地爱自己，因为谁也不知道幸福是不是正等候在下一个街角。

 **安贤珉**

☆节目中没有出现的全新料理☆

锅内烧热水，煮泡面。煮熟后去汤，过滤出面条。

面条中依次加入蚝油、橄榄油、黑胡椒碎、盐、冰激凌、酱油，搅拌均匀，备用。

平底锅预热，蒜切成两半用刀背碾制成泥状，洋葱切条，加入橄榄油翻炒。

③ 平底锅中继续倒入淡奶油，
煮沸后关火，静置 1 分钟，
倒入泡面碗中，搅拌均匀。

☖ 另取一锅，分别加入鲜牛奶和酸奶，并按照 1:1 的比例加热成豆花状，滤干水分，制作成奶酪，盛出备用。

☖ 奶酪碗中倒入色拉油、芝士粉、黑胡椒碎、盐，搅拌均匀涂抹在泡面上，覆盖住整个面饼。

⏳ 最后，将芝士片铺满整个面饼。烤箱预热180℃，将面饼放入烤箱，待奶酪融化，上色即可取出。小葱切丝，装饰，摆盘。

我的美食手账

PART 5

漂洋过海来爱你

泰妍 · 郑容和 · 宋智孝 · Gary

泰妍
爱你九久

食材 ： 北豆腐 1 盒，苹果 1 个，
鸡胸肉 1 块，草莓 5 颗，蜂蜜、芝
麻酱、芥末籽、包饭酱、蓝莓酱、
白糖、酸奶、蚝油、橄榄油、盐、
小蓝莓、黑胡椒粉、五谷粉适量

　　有些人说不出到底哪里好，却总是让我们想要彼此依靠，能够这样
亲密的关系大概就只有闺密了吧。无论多少年，相隔有多远，总是会有
一肚子的小秘密想要告诉你。如果今天是你的生日，好想亲手做上这样
一道料理，不是蛋糕，却有你最爱的草莓和焦糖，像我们一样甜蜜。

⊗ 安贤珉

◀◀◀◀

观看完整料理制作过程

北豆腐切块，半个苹果去皮切块，倒入一个碗中，加入1勺蜂蜜、1勺包饭酱、1勺蓝莓酱、一勺芝麻酱、一勺芥末籽和少许黑胡椒粉，用搅拌器搅拌成糊状，加入五谷粉30g，再次搅拌，备用。

❸ 草莓去蒂，将草莓叶涂上白糖和蜂蜜。

用火枪将草莓蒂喷烤成焦糖状，备用。（Tips：没有喷枪的小伙伴，这一步骤可以省略。）

🕹 鸡胸肉切成薄片，放入密封袋中，依次加入 1 勺酸奶、橄榄油、盐、黑胡椒粉、蚝油搅拌，放入锅中低温慢煮。（Tips：低温慢煮的关键是保证温度基本维持不低于 70℃，保证鸡肉的肉质更加鲜嫩均匀；操作时可以加温一阵儿后关火焖煮，待温度降低再加热，以此重复。）

🕹 半个苹果、草莓切成小块，备用。

将已经调好成糊状的酱汁放入盘中，再依次放上鸡胸肉、草莓块、小
苹果块、小蓝莓，焦糖草莓蒂放在最上面，摆盘即可。

我的美食手账

郑容和
水云间

食材 ⊗： 西红柿 2 个，番茄酱 1
小碗，牛肉 200g，鹤菇 3 个（可用
香菇替代），柠檬 1 个，香茅（柠檬
草）2 根，橄榄油 100g，盐、胡椒
粉少许，姜一小块

　　"从前的日色变得慢，一生只够爱一个人。"说的就是父母一辈的爱
情吧。我能想到最浪漫的事就是和你一起慢慢变老，应该也是这世上最
美的情书吧。选一个风和日丽的午后，用心挑选食材，精心烹制这样一
道简约而不简单的暖心父母菜，让这个世界上最爱我们的两个人也能感
受到来自我们的爱。

⊗ 田树

☆ 节目中没有出现的全新料理 ☆

将牛肉切薄片再切成细长的条状，用胡椒粉、柠檬汁腌制 5 分钟。

将鹤菇去蒂，洗净。将腌制好的牛肉卷在小拇指上挽成花朵状，酿入鹤菇中。

  锅里倒入橄榄油，将鹤菇放到锅内煎熟，过程中可以加入少许水。

  姜切片，用油爆香，西红柿去皮切块入锅翻炒。加入适量番茄酱炒至黏稠状，放入香茅、盐调味。

  将炒好的西红柿倒入漏勺中，用勺碾压过滤出汤汁。

③ 将过滤后的西红柿汤汁放
入盘中垫底。

 把煎好的鹤菇肉卷摆放到汤汁中，装饰，摆盘。

我的美食手账

食材 ⊗：　鸡蛋 2 个，鳕鱼 150g
左右，盐 1 袋（100g），黑胡椒碎、
樱花叶、樱花、橄榄油适量

　　起风了，樱花下落的速度是秒速五厘米，而我又要以怎样的速度生活，才能再次与你相遇？用鳕鱼的清新和海盐的咸来融合樱花的甜，仿佛更贴近生活本真的滋味，就像是一场冒险，有邂逅就会有别离，有分散就自然还会有重聚。

⊗ **黄研**

◁◁◁◁
观看完整料理制作过程

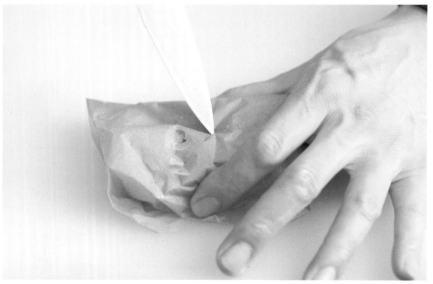

⟳ 取一个干净的容器，倒入一整袋盐和两个蛋清，搅拌均匀，备用。

⟳ 取樱花叶 1 张，从侧面包住鳕鱼段，取两朵樱花置于樱花叶上。

⟳ 取一张油纸，淋上橄榄油涂抹均匀，将处理好的鳕鱼段放于油纸上，撒适量黑胡椒碎。

⟳ 用油纸将鳕鱼段包裹起来，刀尖在油纸上扎几个小口，裹上一层厚厚的蛋清盐糊使鳕鱼整个被包裹在盐壳内。(Tips：油纸扎口是为了使盐壳的味道更好地融入鳕鱼中。)

将裹好盐壳的鳕鱼包入锡纸中，放入预热180℃～200℃
的烤箱中烤制5～8分钟取出。

用小锤子轻轻敲碎盐壳，用刀刮掉油纸表面的盐，取出鳕鱼段，装饰，摆盘。

我的美食手账

Gary

呦呦，切克闹

食材 ： 虾 150g，番茄酱 80g，

小葱 28g，洋葱 1 个，青柠檬 1 个，

沙拉菜 100g，大蒜碎 20g，芝士碎

10g，橄榄油、盐、胡椒粉适量

下午茶的选择可以有很多，但总是离不开三五知己好友，相依而靠，谈天谈地，谈我谈你。能与这样的小情调相配的一定不是浓烈的火锅和冷静的日料，用心将虾泥与蒜末融合，佐上青柠檬的清甜和番茄酱的浓郁。原来，刚刚好就是最好。

⊗ **刘恺乐**

◀◀◀◀
观看完整料理制作过程

◎ 洋葱中间对半切开，沿着纹理线继续切成洋葱碎，备用。

◎ 取虾去壳、去虾线，放入搅拌机中打成虾泥，盛出。

🥢 在虾泥中加入小葱碎、洋葱碎、盐、胡椒粉抓匀。

🥢 取适量虾泥压成小饼，中间包入芝士碎作为馅料。

🥢 热锅，倒入三勺橄榄油，将芝士虾饼放到锅中煎熟。

直至虾饼双面金黄盛出。

用圆形模具将煎好的虾饼制成大小均匀的圆饼状，摆盘。

⑤　另起一锅，倒入 1 勺橄榄油，放番茄酱、大蒜碎和适量
盐、胡椒粉一起翻炒成酱汁，淋入盘中。

⑥　摆上沙拉菜、青柠檬切片，作为装饰。

我的美食手账

「冰箱贴」的模仿料理

我把想对你说的话，写成了诗

made by 冰箱贴 @ 猴猴小姐爱土土

冬日雪饼

寒冬
白雪
予你一世的甜

——written by 冰箱贴 @ 猴猴小姐爱土土

made by 冰箱贴 @ 玉米婧婧爱小葱

蛋窝小丸子

何其有幸遇见你
尔后你在我心里
萌动

——written by 冰箱贴 @ 鲔鱼起司卷

made by 冰箱贴 @ tvxqjyj20041226

爱你九久

初见惊艳
再见迷恋
一眼万年

——written by 冰箱贴 @ 芝士嘉

made by 冰箱贴 @ lady_jianggege

健康能量棒

喜欢的样子　你都有
所有的爱　你都值得
遇见你　执着又欢喜

——written by 冰箱贴 @ lady_jianggege@ 黑山卷卷

冰箱家族

我们的纪念日

属于
我们的
初见

Wuli 嘉尔立下 flag:
节目播放破五亿，就脱光！

第一季播完啦，
我们会想你的！

2015.12.3

2015.12.24

2015.11.20

2015.12.23

2016.2.3

我们在一起的
第一个圣诞 Party

节目开播啦！
"冰箱家族"
成立啦！

第二季开播，
我们回来啦！

冰箱家族
未完待续
……

一起来上海探班
何老师《你正常
吗》节目录制

2016.4.29

2016.5.16

2016.5.12

2016.5.18

2016.6.8

2017

我们为嘉尔的
第一场演唱会应援，
wuli 嘉尔棒棒的！

《拜托了》，我们有
自己的主题曲啦！
快快听起来！

节目点击破五亿，
嘉尔真的脱光啦！
冰箱粉丝宝宝从今天起
有了专属的昵称：
冰箱贴！

图书在版编目（CIP）数据

拜托了冰箱：不负好食光 / 《拜托了冰箱》节目组
主编. — 北京：文化发展出版社有限公司, 2017.2
ISBN 978-7-5142-1653-0

Ⅰ.①拜… Ⅱ.①拜… Ⅲ.①菜谱 Ⅳ.
①TS972.12

中国版本图书馆CIP数据核字（2017）第033686号

拜托了冰箱：不负好食光

《拜托了冰箱》节目组 主编

责任编辑：肖润征
装帧设计：门卫婷工作室 Tel:010-64822426
出版发行：文化发展出版社（北京市翠微路2号　邮编：100036）
网　　址：www. wenhuafazhan. com
经　　销：各地新华书店
印　　刷：北京盛通印刷股份有限公司

开　　本：142mm×210mm　　　1/32
字　　数：100千字
印　　张：7
印　　次：2017年4月第1版　2017年6月第2次印刷
定　　价：45.00元
ISBN：978-7-5142-1653-0